APCS
大學程式設計先修檢測觀念題
試題解析

目錄

U0086928

1. 下方程式正確的輸出應該如下：

```
        *
       ***
      *****
     *******
    *********
```

在不修改下方程式之第 4 行及第 7 行程式碼的前提下，最少需修改幾行程式碼以得到正確輸出？

```
1   int k = 4;
2   int m = 1;
3   for (int i=1; i<=5; i=i+1) {
4       for (int j=1; j<=k; j=j+1) {
5           printf (" ");
6       }
7       for (int j=1; j<=m; j=j+1) {
8           printf ("*");
9       }
10      printf ("\n");
11      k = k - 1;
12      m = m + 1;
13  }
```

(A) 1　　　　　(B) 2　　　　　(C) 3　　　　　(D) 4

解析： **A**

❶ 第 3 - 4 行印出圖形左側的空白三角形，第 5 - 6 行印出 * 號三角形。

❷ 空白三角形每列空白數遞減 1 個，所以 k = k − 1 正確。

❸ * 號三角形每列 * 的個數為 1, 3, 5, 7, 9，每次遞增 2 個，所以 m = m + 1 不正確，應該為 m = m + 2。

2. 給定一陣列 a[10]={1, 3, 9, 2, 5, 8, 4, 9, 6, 7}，i.e., a[0]=1, a[1]=3, …, a[8]=6, a[9]=7，以 f(a, 10) 呼叫執行下方函式後，回傳值為何？

```
int f (int a[], int n) {
    int index = 0;
    for (int i=1; i<=n-1; i++)
        if (a[i] >= a[index])
            index = i;
    return index;
}
```

(A) 1　　　　　　　(B) 2　　　　　　　(C) 7　　　　　　　(D) 9

解析： C

```
1    int f (int a[], int n) {
2        int index = 0;
3        for (int i=1; i<=n-1; i++)
4            if (a[i] >= a[index])
5                index = i;
6        return index;
7    }
```

❶ 第 3 - 5 行是一一檢查陣列元素，找出所有元素中最大值，將其索引值 i 指定給 index，所以 index 會是最大元素的索引值。

❷ 因為第 4 行的條件式 (a[i] >= a[index]) 包含 =，所以即使有多個相等的最大值，但最大元素的索引值會是最後一個。

❸ 所以最後一個最大值 a[7] = 9，程式會回傳 7。

3. 給定一整數陣列 a[0]、a[1]、…、a[99] 且 a[k]=3k+1，以 value=100 呼叫以下兩函式，假設函式 f1 及 f2 之 while 迴圈主體分別執行 n1 與 n2 次（i.e, 計算 if 敘述執行次數，不包含 else if 敘述），請問 n1 與 n2 之值為何？註：(low + high)/2 只取整數部分。

函式 1

```
int f1(int a[], int value) {
    int r_value = -1, i = 0;
    while (i < 100) {
        if (a[i] == value) {
            r_value = i;
            break;
        }
        i = i + 1;
    }
    return r_value;
}
```

函式 2

```
int f2(int a[], int value) {
    int r_value = -1, int low = 0, high = 99, mid;
    while (low <= high) {
        mid = (low + high)/2;
        if (a[mid] == value) {
            r_value = mid;
            break;
        }
        else if (a[mid] < value)
            low = mid + 1;
        else
            high = mid - 1;
    }
    return r_value;
}
```

(A) n1=33, n2=4   (C) n1=34, n2=4

(B) n1=33, n2=5   (D) n1=34, n2=5

解析： D

函式 1

```
1    int f1(int a[], int value) {
2        int r_value = -1, i = 0;
3        while (i < 100) {
4            if (a[i] == value) {
```

```
5            r_value = i;
6            break;
7        }
8        i = i + 1;
9    }
10   return r_value;
11 }
```

函式 2

```
1  int f2(int a[], int value) {
2      int r_value = -1, int low = 0, high = 99, mid;
3      while (low <= high) {
4          mid = (low + high)/2;
5          if (a[mid] == value) {
6              r_value = mid;
7              break;
8          }
9          else if (a[mid] < value)
10             low = mid + 1;
11         else
12             high = mid - 1;
13     }
14     return r_value;
15 }
```

❶ f1 函數第 3 行，while 迴圈會從 a[0] 一一檢查到 a[99]，是否其中一項等於 100。

❷ f1 函數第 4 行，當條件式 (a[i] == 100) 成立時，會將 a[i] 的索引值 i 指定給 r_value，然後執行第 6 行，跳離迴圈，傳回 r_value（第 10 行）。否則繼續往下一個陣列元素搜尋。

❸ 因為 a[j] = 3j + 1，所以當 j = 33 時，a[33] = 100，會跳離 while 迴圈，所以函式 f1 之 while 迴圈主體執行 34 (0～33) 次。

❹ 由程式的可知，f1 是循序搜尋 (sequential search)，也就是由頭到尾或由尾到頭，逐一比對資料中是否有與鍵值 (key) 相同的資料。

❺ f2 函數第 3 行，0<=99，所以條件式 (low <= high) 成立，執行 while 迴圈主體敘述。

❻ 第 4 行 mid = (0+99)/2 = 49。

❼ a[mid] = a[49] = 3*49+1 > 100，所以第 5 行條件式 (a[mid] == value) 和第 9 行條件式 (a[mid] < value) 都不成立，執行第 12 行。

❽ 第 12 行 high = mid - 1 = 48。

❾ 繼續執行 while 迴圈，0<48，所以條件式 (low <= high) 成立，執行 while 迴圈主體敘述。

❿ 第 4 行 mid = (0+48)/2 = 24。

⓫ a[mid] = a[24] = 3*24+1 < 100，所以第 5 行條件式 (a[mid] == value) 不成立，第 9 行條件式 (a[mid] < value) 成立，執行第 10 行。

⓬ 第 10 行 low = mid + 1 = 25。

⓭ 依此類推，可知 low, high, mid 三者每次迴圈的變化如下：

low	high	mid	a[mid]
0	99	(0+99)/2 = 49	a[49] = 49 *3 +1 > 100
0	48	(0+48)/2 = 24	a[24] = 24 *3 +1 < 100
25	48	(25+48)/2 = 36	a[36] = 36 *3 +1 > 100
25	35	(25+35)/2 = 30	a[30] = 30 *3 +1 < 100
31	35	(31+35)/2 = 33	a[33] = 33 *3 +1 == 100

⓮ 所以函式 f2 之 while 迴圈主體執行 5 次。

⓯ 由程式的可知，f2 是二分搜尋 (binary search)。二分搜尋的原理是將鍵值和中間位置的資料比較，鍵值較小，則往前半部搜尋；鍵值較大，則往後半部搜尋，直到搜尋到資料，或沒有資料可以搜尋為止。

4. 經過運算後，下列程式的輸出為何？

```
for (i=1; i<=100; i++) {
    b[i] = i;
}
a[0] = 0;
for (i=1; i<=100; i++) {
    a[i] = b[i] + a[i-1];
}
printf ("%d\n", a[50]-a[30]);
```

(A) 1275　　　(B) 20　　　(C) 1000　　　(D) 810

解析： D

❶ 執行前兩行敘述後，b[1]=1, b[2]=2, ………b[100]=100。

❷ a[1] = b[1] + a[0] = 1 + 0 = 1

a[2] = b[2] + a[1] = 2 + 1

a[3] = b[3] + a[2] = 3 + 2 + 1

a[4] = b[4] + a[3] = 4 + 3 + 2 + 1

....

a[30] = 30 + 29 + ... 4 + 3 + 2 + 1

a[50] = 50 + 49 + ... 4 + 3 + 2 + 1

❸ a[50] - a[30] = 50 + 49 + ... 4 + 3 + 2 + 1 – (30 + 29 + ... 4 + 3 + 2 + 1)

= 50 + 49 + ... + 31 = (50 + 31) * 20 / 2 = 810

5. 函數 f 定義如下，如果呼叫 f(1000)，指令 sum = sum + i 被執行的次數最接近下列何者？

```
int f (int n) {
    int sum=0;
    if (n<2) {
        return 0;
    }
    for (int i=1; i<=n; i++) {
        sum = sum + i;
    }
    sum = sum + f(2*n/3);
    return sum;
}
```

(A) 1000　　　　(B) 3000　　　　(C) 5000　　　　(D) 10000

解析： B

```
1   int f (int n) {
2       int sum=0;
3       if (n<2)
4           return 0;
5       for (int i=1; i<=n; i++)
6           sum = sum + i;
7       sum = sum + f(2*n/3);
8       return sum;
9   }
```

❶ 呼叫 f(1000)，n = 1000，第 5 行的迴圈 for (int i=1; i<=n; i++) 共 1000 次，所以 sum = sum + i 被執行 1000 次。

❷ 執行第 7 行，呼叫 f(2*1000/3) = f(666)

❸ 呼叫 f(666)，第 5 行的迴圈 for (int i=1; i<=n; i++) 共 666 次，所以 sum = sum + i 被執行 666 次。

❹ 依此類推，函數呼叫依序為 f(1000), f(666),
2*1000/3 = 666, 2*666/3 = 444, 2*444/3 = 296, 2*296/3 = 197,
2*197/3 = 131, 2*131/3=87

❺ 1000 + 666 + 444 + 296 + 197 + 131 + 87 + ... = 2624 + ... ，
所以接近 3000

6. List 是一個陣列，陣列裡面的元素是 element，其定義如下：

```
struct element {
    char data;
    int next;
}
void RemoveNextElement (element list[], int current) {
    if (list[current].next != -1){
        /* 移除 current 的下一個 element*/

}
```

List 的每個 element 會用整數變數 next 記錄下一個 element 在陣列中的位置，若無下一個 element，next 會記錄 -1。所有的 element 串成了一個串列 (linked list)。

例如在 list 中有三筆資料如下：

1	2	3
data = 'a'	data = 'b'	data = 'c'
next = 2	next = -1	next = 1

它所代表的串列如下圖：

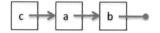

RemoveNextElement 是一個程序，用來移除串列中 current 所指向的下一個元素，但是必須保持原始串列的順序。例如若 current 為 3（對應到 list[3]），呼叫完 RemoveNextElement 後，串列應為

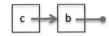

請問在空格中應該填入的程式碼為何？

(A) `list[current].next = current ;`

(B) `list[current].next = list[list[current].next].next ;`

(C) `current = list[list[current].next].next ;`

(D) `list[list[current].next].next = list[current].next ;`

解析： B

❶ `list[current].next` 是指 current 所指向的下一個元素，所以 `list[list[current].next].next` 是指 current 所指向的下下一個元素。

❷ 因此把 current 所指向的下一個元素，改成指向 current 所指向的下下一個元素，就可以移除 current 的下一個 element。

❸ 例如

	1	2	3
	data = 'a'	data = 'b'	data = 'c'
	next = 2	next = -1	next = 1

current = 3，`list[current].next = list[3].next = 1`

`list[list[current].next].next = list[list[3].next].next = list[1].next = 2`

選項 B 中，`list[current].next = list[list[current].next].next = 2`，就會把節點 a 刪除。

7. 以 a(13, 15) 呼叫下列 a() 函式，函式執行完後其回傳值為何？

```
int a(int n, int m) {
    if (n < 10) {
        if (m < 10)
            return n + m ;
        else
            return a(n, m-2) + m ;
    }
    else
        return a(n-1, m) + n ;
}
```

(A) 90　　　　　(B) 103　　　　　(C) 93　　　　　(D) 60

解析： **B**

```
1    int a(int n, int m) {
2        if (n < 10) {
3            if (m < 10)
4                return n + m ;
5            else
6                return a(n, m-2) + m ;
7        }
8        else
9            return a(n-1, m) + n ;
10   }
```

❶ 呼叫 a(13, 15)，n = 13, m = 15。第 2 行條件式 (n < 10) 不成立，執行第 9 行，傳回 a(12, 15) + 13。

❷ 呼叫 a(12, 15)，n = 12, m = 15。第 2 行條件式 (n < 10) 不成立，執行第 9 行，傳回 a(11, 15) + 12。

❸ 依此類推

a(13, 15) = a(12, 15) + 13 = a(11, 15) + 12 + 13 = a(10, 15) + 11 + 25 = a(9, 15) + 10 + 36 = a(9, 15) +46

a(9, 15) = a(9, 13) + 15 = a(9, 11) + 13 + 15 = a(9, 9) + 11 + 28 = a(9, 9) + 39

a(9, 9) = 18

a(9, 15) = 18 + 39 = 57

a(13, 15) = 57 + 46 = 103

8. 費式數列第 1 個數為 0，第 2 個數為 1，之後的每個數都等於前兩個數相加，所以數列如下：

$$0, 1, 1, 2, 3, 5, 8, 13, 21, 34, 55, 89, \ldots\ldots$$

下列程式用以計算第 N 個 (N≥2) 費式數列的值，(a) 與 (b) 兩個空格的敘述應該為何？

```
int a=0, b=1, i, temp, N;
...
for (i=2; i<=N; i++) {
    temp = b;
    ____(a)____;
    a = temp;
    printf ("%d\n", ____(b)____);
}
```

(A) (a) f[i]=f[i-1]+f[i-2]   (b) a
(B) (a) a = a + b   (b) a
(C) (a) b = a + b   (b) b
(D) (a) f[i]=f[i-1]+f[i-2]   (b) f[i]

解析： **C**

❶ 費式數列產生的規則可用下圖表示：

第 i-2 項	第 i-1 項	第 i 項
a	b	
a	❶ (temp =) b	
	❸ a (= temp)	❷ b (= a + b)

❷ 先將 b 值暫存到變數 temp，所以 temp = b。
因為新的 b 值為前兩項的和，所以 b = a + b。
再將 b 原來的值 (temp) 指定給 a，所以 a = temp。

❸ 因為新的 b 值為前兩項的和，所以最後要印出 b 值。

9. 請問下列程式輸出為何？

```
int n=5, A[n], B[n], i, c;
...
for (i=1; i<n; i++) {
    A[i] = 2 + i*4;
    B[i] = i*5;
}
c = 0;
for (i=1; i<n; i++) {
    if (B[i] > A[i])
        c = c + (B[i] % A[i]);
    else
        c = 1;
}
printf ("%d\n", c);
```

(A) 1 　　　　　 (B) 4 　　　　　 (C) 3 　　　　　 (D) 33

解析： **B**

```
1   int n = 5, A[n], B[n], i, c;
2   ...
3   for (i=1; i<n; i++) {
4       A[i] = 2 + i*4;
5       B[i] = i*5;
6   }
7   c = 0;
8   for (i=1; i<n; i++) {
9       if (B[i] > A[i])
10          c = c + (B[i] % A[i]);
11      else
12          c = 1;
13  }
14  printf ("%d\n", c);
```

❶ 第 3 - 6 行是設定陣列 A, B 之初始值。所以執行後如下：

i	1	2	3	4
A	6	10	14	18
B	1	5	10	15

❷ 第 8 - 13 行是一一比較陣列 A, B 元素之值，若 B 元素值 > A 元素值，則求 B 元素值除以 A 元素值的餘數，並將到 c 值中；否則 c 值為 1。

❸ 所以執行後如下：

i	1	2	3	4
A	6	10	14	18
B	5	10	15	20
B[i]>A[i]	X	X	V	V
B[i]%A[i]			1	2
c 值	1	1	2	4

10. 給定下列 g() 函式，g(13) 回傳值為何？

```c
int g(int a) {
    if (a > 1)
        return g(a - 2) + 3;
    return a;
}
```

(A) 16　　　　　(B) 18　　　　　(C) 19　　　　　(D) 22

解析：**C**

❶ 根據遞迴定義式，g(13) 的遞迴呼叫順序如下：

g(13) = g(11) + 3 = g(9) + 3 + 3 = g(7) + 3 + 6 = g(5) + 3 + 9 = g(3) + 3 + 12 = g(1) + 3 + 15 = 1 + 18 = 19

❷ 所以回傳值為 19。

11. 若 a[n] 為一陣列，要將陣列元素 a[0] 移到 a[n-1]，下列程式片段空白處該填入何運算式？

```c
int i, hold, n;
...
for (i=0; i<= _____ ; i++) {
    hold = a[i];
    a[i] = a[i+1];
    a[i+1] = hold;
}
```

(A) n (B) n-1 (C) n-2 (D) n-3

解析： C

❶ 要將陣列元素 a[0] 移到 a[n-1]，可將 a[0] 移到 a[1] 的位置，再由 a[1] 移到 a[2] 的位置，依此類推，最後由 a[n-2] 移到 a[n-1] 的位置。

❷ 所以 a[0] 移到 a[n-1] 共需 n-1 次移動，也就是 i 值 0~n-2。

12. 給定下列函式 f1() 及 f2()。f1(1) 運算過程中，以下敘述何者為錯？

```
void f1 (int m) {
    if (m > 3) {
        printf ("%d\n", m);
        return;
    }
    else {
        printf ("%d\n", m);
        f2(m+2);
        printf ("%d\n", m);
    }
}
void f2 (int n) {
    if (n > 3) {
        printf ("%d\n", n);
        return;
    }
    else {
        printf ("%d\n", n);
        f1(n-1);
        printf ("%d\n", n);
    }
}
```

(A) 印出的數字最大的是 4   (B) f1 一共被呼叫二次
(C) f2 一共被呼叫三次   (D) 數字 2 被印出兩次

解析： C

```
1    void f1 (int m) {
2        if (m > 3) {
```

```
3           printf ("%d\n", m);
4           return;
5       }
6       else {
7           printf ("%d\n", m);
8           f2(m+2);
9           printf ("%d\n", m);
10      }
11  }
12  void f2 (int n) {
13      if (n > 3) {
14          printf ("%d\n", n);
15          return;
16      }
17      else {
18          printf ("%d\n", n);
19          f1(n-1);
20          printf ("%d\n", n);
21      }
22  }
```

❶ 呼叫 f1(1)，m = 1。第 2 行條件式 (m>3) 不成立，執行第 7 行，印出 1，呼叫 f2(3)。

❷ 呼叫 f2(3)，n = 3。第 13 行條件式 (n>3) 不成立，執行第 18 行，印出 3，呼叫 f1(2)。

❸ 呼叫 f1(2)，m = 2。第 2 行條件式 (m>3) 不成立，執行第 7 行，印出 2，呼叫 f2(4)。

❹ 呼叫 f2(4)，n = 4。第 13 行條件式 (m>3) 成立，執行第 14 行，印出 4。返回前一次第會呼叫的下一行程式繼續執行。

❺ 繼續返回前一次第會呼叫的下一行程式繼續執行，執行第 9 行程式，印出 2。

❻ 繼續返回前一次第會呼叫的下一行程式繼續執行，執行第 20 行程式，印出 3。

❼ 繼續返回前一次第會呼叫的下一行程式繼續執行，執行第 9 行程式，印出 1。

❽ 所以印出 1 3 2 4 2 3 1。f1 被呼叫 2 次，f2 被呼叫 2 次。

13. 下列程式片段使用輾轉相除法求 i 與 j 的最大公因數。請問 while 迴圈空白處何者正確？

```
i = 76; j = 48;
while (i % j) {
    _____
    _____
    _____
}
printf ("%d\n", j);
```

(A) k = i % j; i = j; j = k;　　　　(B) i = j; j = k; k = i % j;

(C) i = j; j = i % k; k = i;　　　　(D) k = i; i = j; j = i % k;

解析： **A**

❶ 觀察找出 58 和 40 最大公因數的步驟：

x		y		x % y
58	%	40	=	18
40	%	18	=	8
18	%	8	=	2
8	%	2	=	0
2	..... 最大公因數			

(1) 若 x % y == 0，則 y 是最大公因數

(2) 若 x % y != 0，則將 (x, y) 轉換成 (y, x % y)

❷ 所以可使用一個暫時變數 k 將 x % y 的值先存起來，再進行變數變換，也就是

　　　k = x % y; x = y; y = k; 。

14. 下列程式輸出為何？

```
void foo (int i) {
    if (i <= 5)
        printf ("foo: %d\n", i);
    else
        bar(i - 10);
```

16

```
}
void bar (int i) {
    if (i <= 10)
        printf ("bar: %d\n", i);
    else
        foo(i - 5);
}
void main() {
    foo(15106);
    bar(3091);
    foo(6693);
}
```

(A) bar: 6   bar: 1   bar: 8   (B) bar: 6   foo: 1   bar: 3

(C) bar: 1   foo: 1   bar: 8   (D) bar: 6   foo: 1   foo: 3

解析： **A**

```
1    void foo (int i) {
2        if (i <= 5)
3            printf ("foo: %d\n", i);
4        else
5            bar(i - 10);
6    }
7    void bar (int i) {
8        if (i <= 10)
9            printf ("bar: %d\n", i);
10       else
11           foo(i - 5);
12   }
```

❶ 執行 foo(15106)，i = 15106。第 2 行條件式不成立，所以執行第 5 行，呼叫 bar(15096)。

❷ bar(15096)，i = 15096。第 8 行條件式不成立，所以執行第 11 行，呼叫 foo(15091)。

❸ foo(15091)，i = 15091。第 2 行條件式不成立，所以執行第 5 行，呼叫 bar(15086)。

❹ 依此類推，被呼叫之 foo 函數的參數值會從 15106 開始，以每次遞減 15 的方式進行。bar 函數的參數值會從 15096 開始，以每次遞減 15 的方式進行所以呼叫順序為 foo(15106), bar(15096), foo(15091), bar(15081) …… foo(16), bar(6)。

❺ 呼叫到 bar(6) 時，會執行第 9 行，印出 bar:6。

❻ 同理 bar(3091) 的呼叫順序為 bar(3091), foo(3086), bar(3076), foo(3071) ...... bar(16), foo(11), bar(1) 呼叫到 bar(1) 時，會執行第 9 行，印出 bar:1。

❼ 同理 foo(6693) 的呼叫順序為 foo(6693), bar(6683) ...... foo(18), bar(8) 呼叫到 bar(8) 時，會執行第 9 行，印出 bar:8。

15. 呼叫下列函式 f(22)，會印出多少數字？

```
void f(int n) {
    printf ("%d\n", n);
    while (n != 1) {
        if ((n%2))
            n = 3*n + 1;
        else
            n = n / 2;
        printf ("%d\n", n);
    }
}
```

(A) 15

(B) 16

(C) 17

(D) 22

解析：B

```
1   void f(int n) {
2       printf ("%d\n", n);
3       while (n != 1) {
4           if (n%2)
5               n = 3*n + 1;
6           else
7               n = n / 2;
8           printf ("%d\n", n);
9       }
10  }
```

❶ 呼叫 f(22)，n = 22。第 2 行印出 22。

❷ 因為 (22 != 1) 成立，執行第 4 - 8 行。

❸ 第 4 - 7 行的意思是

若 n 是奇數，執行 n = 3*n + 1；若 n 是偶數，執行 n = n / 2。

❹ n = 22 是偶數，所以執行第 7 行，n = n / 2 = 22 / 2 = 11。再執行第 8 行，印出 11。

❺ n = 11 是奇數，所以執行第 5 行，n = 3*n + 1 = 34。再執行第 8 行，印出 34。

❻ n = 34 是偶數，所以執行第 7 行，n = n / 2 = 34 / 2 = 17。再執行第 8 行，印出 17。

❼ n = 17 是奇數，所以執行第 5 行，n = 3*n + 1 = 52。再執行第 8 行，印出 52。

❽ 依此類推，若 n 是奇數，數列的下一個數為 3*n + 1；若 n 是偶數，則為 n = n / 2。所以共印出 22, 11, 34, 17, 52, 26, 13, 40, 20, 10, 5, 16, 6, 4, 2, 1，共 16 個數。

❾ n = 1，(1 != 1) 不成立，結束 while 迴圈。

16. 下列程式執行過後所輸出數值為何？

```c
void main () {
    int count = 10;
    if (count > 0)
        count = 11;
    if (count > 10) {
        count = 12;
        if (count % 3 == 4)
            count = 1;
        else
            count = 0;
    }
    else if (count > 11)
        count = 13;
    else
        count = 14;
    if (count)
        count = 15;
    else
        count = 16;
    printf ("%d\n", count);
}
```

(A) 13

(B) 14

(C) 15

(D) 16

解析：**D**

```
1    void main () {
2        int count = 10;
3        if (count > 0)
4            count = 20;
5        if (count > 10) {
6            count = 12;
7            if (count % 3 == 4)
8                count = 1;
9            else
10                count = 0;
11        }
12        else if (count > 11)
13            count = 13;
14        else
15            count = 14;
16        if (count)
17            count = 15;
18        else
19            count = 16;
20        printf ("%d\n", count);
21    }
```

❶ 本題主要是測驗巢狀選擇結構。巢狀選擇結構是 if 內又包含了至少一個 if 敘述。使用巢狀選擇結構時，應注意 if 和 else 的配對。

❷ 第 2 行 count = 10，所以第 3 行條件式 (count > 0) 成立，執行第 4 行 count = 20。

❸ 第 5 行條件式 (count > 10) 成立，執行第 6 - 10 行。第 6 行 count = 12，條件式 (count % 3 == 4) 不成立，所以執行第 10 行 count = 0。

❹ 繼續執行第 16 行，因為 count = 0，所以條件式 (count) 不成立，執行第 19 行，count = 16。

17. 下列程式片段可輸入六個整數後，檢測並輸出最後一個數字是否為 6 數中最小的值，但此程式碼有部分錯誤。下列何組測試資料可以測試出此程式的錯誤？

```
#define TRUE 1
#define FALSE 0
int d[6], val, allBig;
...
for (int i=1; i<=5; i++)
    scanf ("%d", &d[i]);
```

```
scanf ("%d", &val);
allBig = TRUE;
for (int i=1; i<=5; i++) {
    if (d[i] > val)
        allBig = TRUE;
    else
        allBig = FALSE;
}
if (allBig == TRUE)
    printf ("%d is the smallest.\n", val);
else
    printf ("%d is not the smallest.\n", val);
```

(A) 11 12 13 14 15 3　　　　　　(C) 23 15 18 20 11 12

(B) 11 12 13 14 25 20　　　　　　(D) 18 17 19 24 15 16

解析： A

```
1    #define TRUE 1
2    #define FALSE 0
3    int n = 6, d[n], val, allBig;
4    ...
5    for (int i=1; i<n; i++)
6        scanf ("%d", &d[i]);
7    scanf ("%d", &val);
8    allBig = TRUE;
9    for (int i=1; i<n; i++) {
10       if (d[i] > val)
11           allBig = TRUE;
12       else
13           allBig = FALSE;
14   }
15   if (allBig == TRUE)
16       printf ("%d is the smallest.\n", val);
17   else
18       printf ("%d is not the smallest.\n", val);
```

❶ 第 5－6 行會連續讀取 5 個整數，存入陣列 d 的 5 個元素中 (d[1]～ d[5])。

❷ 第 7 行會讀取 1 個整數 val。

❸ 第 9－14 行會一一檢查陣列每個元素的值是否大於 value。過程中，若 是，allBig 設為 TRUE；否則 allBig 設為 FALSE。

21

❹ 從第 9 - 14 行的迴圈使用 if – else 語法，所以 allBig 的值會由 d[5] 和 val 比較的結果決定。

(A) 15 和 3 比較，15 > 3，所以 allBig = true，3 是 6 數中最小者。的確如此。

(B) 25 和 20 比較，25 > 20，所以 allBig = true，但 20 不是 6 數中最小者，所以錯誤。

(C) 11 和 12 比較，11 > 12 不成立，所以 allBig = false，12 不是 6 數中最小者。的確如此。

(D) 15 和 16 比較，15 > 16 不成立，所以 allBig = false，16 不是 6 數中最小者。的確如此。

18. 程式編譯器可以發現下列哪種錯誤？

(A) 語法錯誤　　　　　　　　　　(B) 語意錯誤

(C) 邏輯錯誤　　　　　　　　　　(D) 思維錯誤

解析：A

❶ 程式錯誤的類型有語法錯誤（syntax error）和語意錯誤（semantic error）兩種。

❷ 語法錯誤就像英文文法一樣，程式語言有自己的語法，使用不符合語法的敘述，會讓編譯器無法正確翻譯，造成語法錯誤。

❸ 語意錯誤又稱邏輯錯誤，會發生在程式的語法都正確，但執行結果卻不正確。執行語意錯誤的程式時，由於敘述都符合語法規則，程式仍會順利執行，編譯器不會顯示錯誤訊息，所以無法透過編譯器發現錯誤。

❹ 所以編譯器可以發現語法錯誤。

19. 若某個 9 x 4 的陣列 A 是以列為主的方式儲存，每個元素占 2 單位記憶體大小，A[0][0] 的記憶體位址為 108（十進制表示），則 A[1][2] 的記憶體位址為何？

(A) 120　　　　(B) 122　　　　(C) 124　　　　(D) 111

解析：A

❶ 二維陣列雖採用二維的方式排列，但編譯時，編譯器會提供連續的記憶體位置，來儲存陣列元素。

❷ 以 8×4 的二維陣列為例，編譯器會用 32 個連續的位置來存放元素。存放的順序是先存放第一列的元素，再存放第二列的元素，依此類推。

❸ 所以實際上是一列接一列存放在記憶體中，其存放次序如下：

A[0][0] A[0][1] A[0][2] A[0][3] A[1][0] A[1][1] A[1][2]

❹ A[1][2] 與 A[0][0] 相距 6 個元素，每個元素占 2 單位記憶體大小，所以共 12 單位記憶體大小，108 + 12 = 120。

20. 下列為一個計算 n 階層的函式，請問該如何修改才會得到正確的結果？

```
1    int fun (int n) {
2        int fac = 1;
3        if (n >= 0) {
4            fac = n * fun(n - 1);
5        }
6        return fac;
7    }
```

(A) 第 2 行，改為 int fac = 0;
(B) 第 3 行，改為 if (n > 0) {
(C) 第 4 行，改為 fac = n * fun(n+1);
(D) 第 4 行，改為 fac = fac * fun(n-1);

解析： B

❶ 由第 4 行 fac = n * fun(n - 1) 可知此程式碼為計算 n! (1× 2× …… × (n - 1)× n) 的遞迴程式。

❷ 遞迴程式的終止條件是 n = 1，所以第 3 行，應改為 if (n > 0) {。

21. 下列程式碼執行時的輸出為何？

```
void main() {
    for (int i=0; i<=10; i = i + 1) {
        printf ("%d ", i);
        i++;
    }
    printf ("\n");
}
```

(A) 0 2 4 6 8 10   (B) 0 1 2 3 4 5 6 7 8

(C) 0 2 4 6 8   (D) 0 1 3 5 7 9 11

解析： **A**

❶ i = 0，i<=10，所以輸出 i (0)，再執行 i++，所以 i = 1。

❷ 繼續迴圈，執行 i = i + 1，所以 i = 2，i<=10，所以輸出 i (2)，再執行 i++，所以 i = 3。

❸ 繼續迴圈，執行 i = i + 1，所以 i = 4，i<=10，所以輸出 i (4)，再執行 i++，所以 i = 5。

❹ 依此類推，此程式碼執行時會輸出 0 2 4 6 8 10。

22. 下列 f() 函式執行後所回傳的值為何？

```c
int f() {
    int r = 1;
    while (r < 2000)
        r = 2 * r;
    return r;
}
```

(A) 1024   (B) 2018   (C) 2019   (D) 2048

解析： **D**

❶ 由 r = 2 * r 可知 r 的值會不斷 X 2，直到 r >= 2000 為止。

❷ 所以 r = 1, 2, 4, 8, 16 …… 1024, 2048。當 r = 2048 時，條件式 r < 2000 不成立，結束迴圈，回傳 2048。

23. 下列 f() 函式 (a), (b), (c) 處需分別填入哪些數字，方能使得 f(4) 輸出 2468 的結果？

```c
int f(int n) {
    int p = 0, i = n;
    while (i >= _____(a)_____ ) {
        p = 10 - _____(b)_____ * i;
        printf ("%d", p);
        i = i - _____(c)_____ ;
    }
}
```

(A) 1, 2, 1　　　(B) 0, 2, 2　　　(C) 0, 2, 1　　　(D) 1, 1, 1

解析： A

❶ 呼叫 f(4)，n = 4，所以 i = n = 4。

❷ 由 printf ("%d", p) 可知本題是要輸出 p 的值，所以 p 的值會是 2, 4, 6, 8。

❸ p = 10 – (b) * i，所以 (b) * i 依序為 8, 6, 4, 2。i 的起始值是 4，所以 (b) = 2。

❹ (b) = 2，所以 i = i - 1，所以 (c) = 1。

❺ 因為印出 4 個數，所以 i = 4, 3, 2, 1。所以 (a) = 1。

24. 下列 g(4) 函式呼叫執行後，回傳值為何？

```
int f (int n) {
    if (n > 3)
        return 1;
    else if (n == 2)
        return (3 + f(n+1));
    else
        return (1 + f(n+1));
}
int g(int n) {
    int j = 0;
    for (int i=1; i<=n-1; i++)
        j = j + f(i);
    return j;
}
```

(A) 6　　　　(B) 11　　　　(C) 13　　　　(D) 14

解析： C

```
1    int f (int n) {
2        if (n > 3)
3            return 1;
4        else if (n == 2)
5            return (3 + f(n+1));
6        else
7            return (1 + f(n+1));
8    }
```

```
9   int g(int n) {
10      int j = 0;
11      for (int i=1; i<=n-1; i++)
12          j = j + f(i);
13      return j;
14  }
```

❶ 第 10 - 12 行可計算 f(1) + f(2) + …… + f(n-1)。

❷ 所以函式呼叫 g(4)，n = 4，會將 j = f(1) + f(2) + f(3) 回傳。

❸ 求 f(1)，n = 1，所以執行第 7 行 return(1+f(2))。

❹ 求 f(2)，n = 2，所以執行第 5 行 return(3+f(3))。

❺ 求 f(3)，n = 3，所以執行第 7 行 return(1+f(4))。

❻ 求 f(4)，n = 4，所以執行第 3 行，傳回 1。

❼ f(4) = 1，所以 f(3) 傳回 1+f(4) = 2。f(2) 傳回 3+f(3) = 5。f(1) 傳回 1+f(2) = 6。

❽ g(4) 會將回傳 f(1) + f(2) + f(3) = 6 + 5 + 2 = 13。

25. 下列 F() 函式空白部分運算式應為何，才能使得 F(9) 的回傳值為 34。

```
int F (int x) {
    if (x < 2)
        return x;
    else
        return _____ ;
}
```

(A) x + F(x-1) 　　　　(C) F(x-2) + F(x+2)

(B) x * F(x-1) 　　　　(D) F(x-2) + F(x-1)

解析： D

❶ 由敘述 if (x <= 1) return x; 可知 F(1) = 1, F(0) = 0

❷ (A) F(9) = 9 + F(8) = 9 + 8 + F(7) = 9 + 8 + 7 + F(6) = 9+8+7+…+1 = 45

❸ (B) 同理，F(9) = 9*F(8) = 9*8*7 …… *1

❹ (C) F(9) = F(7) + F(11) …………

其中呼叫 F(x+2) 會使函數內之參數不斷變大，無法收斂至終止條件，所以不正確。

❺ (D) F(x-2) + F(x-1) 表示下一個數 F(x) 是前兩個數 F(x-2), F(x-1) 的和，因此數列為 0, 1, 1, 2, 3, 5, 8, 13, 21, 34，所以 F(9) 為 34。

❻ 實際上本題是計算費氏數列的遞迴函數，費氏數列的第 0, 1 項分別為 0, 1，其後的每一項為前 2 項的合。

1. 下列 F() 函式執行後，輸出為何？

```
1   void F( ) {
2       char t, item[] = {'2', '8', '3', '1','9'};
3       int a, b, c, count = 5;
4
5       for (a=0; a<count-1; a=a+1) {
6           c = a;
7           t = item[a];
8           for (b=a+1; b<count; b=b+1) {
9               if (item[b] < t) {
10                  c = b;
11                  t = item[b];
12              }
13              if ((a==2) && (b==3)) {
14                  printf ("%c %d\n", t, c);
15              }
16          }
17      }
18  }
```

(A) 1 2　　　　　　　　　　　(C) 3 2
(B) 1 3　　　　　　　　　　　(D) 3 3

解析： B

❶ 此題貌似複雜，但讀完程式後，可以發現，唯一會輸出資料的是第 14 行 printf 指令，所以千萬不要一步一步地追蹤程式，造成解題的麻煩。

❷ 只有第 13 行 a = 2 且 b =3 時，才會輸出資料，只要追蹤此條件即可。

❸ a = 2 時，第 6~7 行程式 c = 2, t = item[2]= '3'。

❹ b =3 時，第 9 行程式的條件式 item[3] < t ('1' < '3') 成立，所以執行第 10~11 行。c = b (3)，t = item[3] = '1'，所以輸出 1 3。

2. 以下 switch 敘述程式碼使用 if - else 敘述可以如何改寫？

```
1    switch (x) {
2        case 10  y = 'a'; break;
3        case 20:
4        case 30: y = 'b'; break;
5        default: y = 'c';
6    }
```

(A) if (x==10) y = 'a';
　　if (x==20 || x==30) y = 'b';
　　y = 'c';

(B) if (x==10) y = 'a';
　　else if (x==20 || x==30) y = 'b';
　　else y = 'c';

(C) if (x==10) y = 'a';
　　if (x > =20 && x < =30) y = 'b';
　　y = 'c';

(D) if (x==10) y = 'a';
　　else if(x > =20 && x < =30) y = 'b';
　　else y = 'c';

解析： **B**

❶ 此題要了解的是 break 指令的用法，break 會跳出 switch 判斷式的區塊，並不會執行區塊內的下一行程式。例如：執行第 2 行的 break 指令後，程式會直接跳到第 6 行後的敘述，並不會執行第 3~5 行。

❷ 第 3 行 case 20 後並沒有 break 指令，所以會往下一行第 4 行繼續執行，也就是 case 30 的敘述，因此第 3~4 行的條件式等同 (x==20 或 x==30)。

3. 給定下列 G(), K() 兩函式，執行 G(3) 後所回傳的值為何？

```
1    int K(int a[], int n) {
2        if (n >= 0)
3            return (K(a, n-1) + a[n]);
4        else return 0;
5    }
6    int G(int n){
7        int a[] = {5,4,3,2,1};
8        return K(a, n);
9    }
```

(A) 5   (C) 14

(B) 12   (D) 15

解析：　**C**

執行 G(3) 後，由第 8 行程式可知會傳回 K(a, 3) 的值，依此追蹤程式執行如下：

G(3)

→K(a, 3)，第 2 行條件式 n(3) >= 0 成立，所以執行第 3 行

→K(a, 2) + a[3]

→K(a, 2) + 2

→K(a, 1) + a[2] + 2

→K(a, 1) + 3 + 2

→K(a, 0) + a[1] + 5

→K(a, 0) + 4 + 5

→K(a, -1) + a[0] + 9

→K(a, -1) + 5 + 9

→0 + 14

→14

4. 下列程式碼執行後輸出結果為何？

```
1    int a=2, b=3;
2    int c=4, d=5;
3    int val;
4    val = b/a + c/b + d/b;
5    printf ("%d\n", val);
```

(A) 3   (C) 5

(B) 4   (D) 6

解析： **A**

❶ 在 C/C++ 中，若 x, y 都是整數，x/y 是取 x 除以 y 的商，例如 3/2 → 1。

❷
$$\frac{b}{a} + \frac{c}{b} + \frac{d}{b}$$
$$= \frac{3}{2} + \frac{4}{3} + \frac{5}{3}$$
$$= \quad 1 \quad + \quad 1 \quad + \quad 1$$
$$= 3$$

5. 下列程式碼執行後輸出結果為何？

```
1    int a[9] = {1 3, 5, 7, 9, 8, 6, 4, 2};
2    int n=9, tmp;
3
4    for (int i=0; i<n; i=i+1) {
5        tmp = a[i];
6        a[i] = a[n-i-1];
7        a[n-i-1] = tmp;
8    }
9    for (int i=0; i<=n/2; i=i+1)
10       printf ("%d %d ", a[i], a[n-i-1]);
```

(A) 2 4 6 8 9 7 5 3 1 9   (C) 1 2 3 4 5 6 7 8 9 9

(B) 1 3 5 7 9 2 4 6 8 9   (D) 2 4 6 8 5 1 3 7 9 9

解析： **C**

❶ 觀察第 4~8 行程式，可以發現這段敘述是使用迴圈將 a[i], a[n-i-1] 兩數交換。

❷ 觀察交換情形

i=0，a[0], a[8] 交換

i=1，a[1], a[7] 交換

i=2，a[2], a[6] 交換

i=3，a[3], a[5] 交換

i=4，a[4], a[4] 交換

i=5，a[5], a[3] 交換

i=6，a[6], a[2] 交換

i=7，a[7], a[1] 交換

i=8，a[8], a[0] 交換

❸ 由以上步驟可知，迴圈將固定兩元素交換 2 次，例如 i = 3，a[3] 和 a[5] 交換，i = 5 時，又將 a[5] 和 a[3] 再交換一次，所以執行完後，陣列元素的次序不變。

❹ 第 9~10 行的迴圈會輸出資料，其中 i = 0~4 (9/2)，輸出的元素依序為 a[0], a[8], a[1], a[7], ………，所以輸出結果為 1, 2, 3, 4, ……。

6. 下列函式以 F(7) 呼叫後回傳值為 12，則 <condition> 應為何？

```
1    int F(int a) {
2        if ( <condition> )
3            return 1;
4        else
5            return F(a-2) + F(a-3);
6    }
```

(A) a < 3

(B) a < 2

(C) a < 1

(D) a < 0

解析： D

追蹤遞迴函數執行的結果。

F(7)

→ F(5) + F(4)

→ F(3) + F(2) + F(2) + F(1)

→ F(3) + 2F(2) + F(1)

→F(1) + F(0) + 2(F(0) + F(-1)) + F(1)

→2F(1) + 3 F(0) + 2 F(-1)

→2(F(-1) + F(-2)) + 3(F(-2) + F(-3)) + 2 F(-1)

→4F(-1) + 5 F(-2) + 3 F(-3)

若 F(-1) = F(-2) = F(-3) = 1，則 F(7) = 12

所以條件式 <condition> 應為 a < 0

7. 若 n 為正整數，下列程式三個迴圈執行完畢後 a 值將為何？

```
1    int a=0, n;
2    …
3    for (int i=1; i<=n; i=i+1)
4        for (int j=i; j<=n; j=j+1)
5            for (int k=1; k<=n; k=k+1)
6                a = a + 1;
```

(A) n(n+1)/2

(B) $n^3/2$

(C) n(n-1)/2

(D) $n^2(n+1)/2$

解析： D

❶ 由第 6 行程式可以發現，迴圈每執行 1 次，a 值就加 1，所以只要計算出迴圈執行的次數，就可以算出 a 值。

❷ 由第 3 行的外迴圈開始，計算迴圈執行的次數。

i = 1，j = 1~n，k = 1~n，所以共 n*n 次。

i = 2，j = 2~n，k = 1~n，所以共 n(n-1) 次。

i = 3，j = 3~n，k = 1~n，所以共 n(n-2) 次。

所以可以歸納出此迴圈共執行

n*n + n(n-1) + n(n-2) + ……… + 2n + n

= n(n + (n-1) + ……… + 2 + 1)

= n * n(n+1)/2

8. 下面哪組資料若依序存入陣列中，將無法直接使用二分搜尋法搜尋資料？

(A) a, e, i, o, u   (C) 10000, 0, -10000

(B) 3, 1, 4, 5, 9   (D) 1, 10, 10, 10, 100

解析： B

二分搜尋法的資料要事先排序好，四個選項中，只有 3, 1, 4, 5, 9 尚未排序，所以無法直接使用二分搜尋法。

9. 下列是依據分數 s 評定等第的程式碼片段，正確的等第公式應為：

90 ~ 100 判為 A 等
80 ~ 89 判為 B 等
70 ~ 79 判為 C 等
60 ~ 69 判為 D 等
 0 ~ 59 判為 F 等

這段程式碼在處理 0~100 的分數時，有幾個分數的等第是錯？

(A) 20   (B) 11   (C) 2   (D) 10

```
1   if (s>=90) {
2       printf ("A \n");
3   }
4   else if (s>=80) {
5       printf ("B \n");
6   }
7   else if (s>60) {
8       printf ("D \n");
9   }
10  else if (s>70) {
11      printf ("C \n");
12  }
13  else {
14      printf ("F\n");
15  }
```

解析： B

❶ 依條件追蹤程式，90~100 正確。80~89 正確。

❷ 70~79 錯誤，因為執行到第 7 行時，會輸出 D，判為 D 等。

❸ 60~69

(1) s = 60 時，不滿足第 7 行和第 10 行敘述的條件式，所以執行第 14 行，判為 F 等，所以執行結果錯誤。

(2) 61~69 時，滿足第 7 行敘述的條件式，判為 D 等，所以執行結果正確。

❹ 0~59 正確。

❺ 所以共 11 個分數的等第是錯的。

10. 下列主程式執行完三次 G() 的呼叫後，p 陣列中有幾個元素的值為 0？

```
1   int K (int p[], int v) {
2       if (p[v]!=v) {
3           p[v] = K(p, p[v]);
4       }
5       return p[v];
6   }
7   void G (int p[], int i, int r) {
8       int a=K(p, i), b=K(p, r);
9       if (a!=b) {
10          p[b] = a;
11      }
12  }
13  int main (void) {
14      int p[5]={0, 1, 2, 3, 4};
15      G(p, 0, 1);
16      G(p, 2, 4);
17      G(p, 0, 4);
18      return 0;
19  }
```

(A) 1   (C) 3

(B) 2   (D) 4

解析：**C**

❶ 執行第 15 行 G(p, 0, 1) 時，呼叫第 7 行函數，

(1) 執行 a = K(p, 0), b = K(p, 1)

(2) 呼叫 K(p, 0) 時，第 2 行條件式 p[0] != 0 (0 != 0) 不成立，所以執行第 5 行，傳回 0。a = 0。

(3) 呼叫 K(p, 1) 時，第 2 行條件式 p[1] != 1 (1 != 1) 不成立，所以執行第 5 行，傳回 1。b = 1。

(4) 執行第 9 行條件式 a != b (0 != 1) 成立，所以 p[1] = 0。

❷ 執行第 16 行 G(p, 2, 4) 時，呼叫第 7 行函數，

(1) 執行 a = K(p, 2)，b = K(p, 4)

(2) 呼叫 K(p, 2) 時，第 2 行條件式 p[2] != 2 (2 != 2) 不成立，所以執行第 5 行，傳回 2。a = 2。

(3) 呼叫 K(p, 4) 時，第 2 行條件式 p[4] != 4 (4 != 4) 不成立，所以執行第 5 行，傳回 4。b = 4。

(4) 執行第 9 行條件式 a!=b (2 != 4) 成立，所以 p[4] = 0。

❸ 執行第 17 行 G(p, 0, 4) 時，呼叫第 7 行函數，

(1) 執行 a = K(p, 0)，b = K(p, 4)

(2) 呼叫 K(p, 0) 時，第 2 行條件式 p[0] != 0 (0 != 0) 不成立，所以執行第 5 行，傳回 0。a = 0。

(3) 呼叫 K(p, 4) 時，第 2 行條件式 p[4] != 4 (4 != 4) 不成立，所以執行第 5 行，傳回 4。b = 4。

(4) 執行第 9 行條件式 a != b (0 != 4) 成立，所以 p[4] = 0。

❹ 所以共有 p[0], p[1], p[4] 3 個元素的值為 0。

11. 下列程式片段執行後，count 的值為何？

```
1    int maze[5][5]= {{1, 1, 1, 1, 1},
2                     {1, 0, 1, 0, 1},
3                     {1, 1, 0, 0, 1},
4                     {1, 0, 0, 1, 1},
5                     {1, 1, 1, 1, 1} };
6    int count=0;
7    for (int i=1; i<=3; i=i+1) {
8        for (int j=1; j<=3; j=j+1) {
9            int dir[4][2] = {{-1,0}, {0,1}, {1,0}, {0,-1}};
10           for (int d=0; d<4; d=d+1) {
11               if (maze[i+dir[d][0]][j+dir[d][1]]==1) {
12                   count = count + 1;
13               }
```

```
14              }
15          }
16  }
```

(A) 36   (C) 12

(B) 20   (D) 3

解析： B

❶ 陣列 maze 可表示如下：

1	1	1	1	1
1	0	1	0	1
1	1	0	0	1
1	0	0	1	1
1	1	1	1	1

❷ 從第 10 行開始追蹤程式

設 r = i + dir[d][0]，c = j + dir[d][1]

(1) i=1, j = 1，(r, c) = {0, 1}, {1, 2}, {2, 1}, {1, 0}

  i=1, j = 2，(r, c) = {0, 2}, {1, 3}, {2, 2}, {1, 1}

  i=1, j = 3，(r, c) = {0, 3}, {1, 4}, {2, 3}, {1, 2}

(2) i=2, j = 1，(r, c) = {1, 1}, {2, 2}, {3, 1}, {2, 0}

  i=2, j = 2，(r, c) = {1, 2}, {2, 3}, {3, 2}, {2, 1}

  i=2, j = 3，(r, c) = {1, 3}, {2, 4}, {3, 3}, {2, 2}

(3) i=3, j = 1，(r, c) = {2, 1}, {3, 2}, {4, 1}, {3, 0}

  i=3, j = 2，(r, c) = {2, 2}, {3, 3}, {4, 2}, {3, 1}

  i=3, j = 3，(r, c) = {2, 3}, {3, 4}, {4, 3}, {3, 2}

  共 4*9 = 36 個

(4) amaze 陣列中，(r, c) 值為 {1, 1}, {1, 3}, {2, 2}, {2, 3}, {3, 1}, {3, 2} 時，元素值為 0，其餘為 1。

(5) 36 個中，刪除為 0 的 16，剩 36 - 16 = 20 個 1，所以 count 值為 20。

12. 下列程式片段執行過程中的輸出為何？

```
1    int a = 5;
2    …
3    for (int i=0; i<20; i=i+1){
4        i = i + a;
5        printf ("%d ", i);
6    }
```

(A) 5 10 15 20

(B) 5 11 17 23

(C) 6 12 18 24

(D) 6 11 17 22

解析：**B**

❶ 這題要注意的是 for 迴圈執行的過程。

❷ 由第 3 行程式可以發現，i = 0～19

❸ i = 0 時，i = i + a = 0 + 5 = 5，輸出 5。

執行 i = i + 1。i = 6 時，i < 20，所以執行 i = i + a = 6 + 5 = 11，輸出 11。

執行 i = i + 1。i = 12 時，i < 20，所以執行 i = i + a = 12 + 5 = 17，輸出 17。

執行 i = i + 1。i = 18 時，i < 20，所以執行 i = i + a = 18 + 5 = 23，輸出 23。

執行 i = i + 1。i = 24 時，i < 20 不成立，結束程式執行。

13. 若宣告一個字元陣列 char str[20] = "Hello world!"；該陣列 str[12] 值為何？

(A) 未宣告

(C) !

(B) \0

(D) \n

解析：**B**

在 C/C++ 中，字串是由字元所組成的陣列，並在最後加上一個空（null）字元 '\0'。

0	1	2	3	4	5	6	7	8	9	10	11
H	e	l	l	o		w	o	r	l	s	\0

14. 假設 x,y,z 為布林 (boolean) 變數，且 x=TRUE, y=TRUE, z=FALSE。請問下面各布林運算式的真假值依序為何？(TRUE 表真，FALSE 表假)

```
!(y || z) || x
!y || (z || !x)
z || (x && (y || z))
(x || x) && z
```

(A) TRUE FALSE TRUE FALSE   (C) FALSE TRUE TRUE FALSE

(B) FALSE FALSE TRUE FALSE   (D) TRUE TRUE FALSE TRUE

解析： **A**

TRUE 為 1，FALSE 為 0，所以 x = 1, y = 1, z = 0。

❶   !(y || z) || x

= !(1 || 0) || 1

= ! 1 || 1

=   1

❷   !y || (z || !x)

= !1 || (0 || !1)

= !1 || 0

= 0 || 0

= 0

❸   z || (x && (y || z))

= 0 || (1 && (1 || 0))

= 0 || (1 && 1)

= 0 || 1

= 1

❹   (x || x) && z

= (1 || 1) && 0

=   1 && 0

=   0

15. 下列程式片段執行過程的輸出為何？

```
1    int i, sum, arr[10];
2    for (int i=0; i<10; i=i+1)
3        arr[i] = i;
4    sum = 0;
5    for (int i=1; i<9; i=i+1)
6        sum = sum - arr[i-1] + arr[i] + arr[i+1];
7    printf ("%d", sum);
```

(A) 44   (B) 52   (C) 54   (D) 63

解析： B

❶ 由第 2~3 行程式可以發現，arr[10] = {0, 1, 2, 3, 4, 5, 6, 7, 8, 9}

❷ 由第 5~6 行程式可以發現，i = 1~8，新的 sum 是舊的 sum 減前一個陣列元素，加上本身及後一個陣列元素。

❸ 因為 - arr[i-1] + arr[i] = 1，arr[i+1] = arr[i] + 1 = i +1，所以

sum = sum <u>- arr[i-1] + arr[i]</u> + <u>arr[i+1]</u>

   = sum   <u>+ 1</u>   <u>+i + 1</u>

   = sum + i + 2

❹ i = 1，sum = 0 + 1 + 2 = 3

  i = 2，sum = 3 +2 +2 = 7

  i = 3，sum = 7 +5 = 12

  i = 4，sum = 12 + 6 = 18

  i = 5，sum = 18+7 = 25

  i = 6，sum = 25 + 8 = 33

  i = 7，sum = 33 + 9 = 42

  i = 8，sum = 42 + 10 = 52

16. 下列程式片段中，假設 a, a_ptr 和 a_ptrptr 這三個變數都有被正確宣告，且呼叫 G() 函式時的參數為 a_ptr 及 a_ptrptr。G() 函式的兩個參數型態該如何宣告？

```
1    void G (____(a)____ a_ptr, ____(b)____ a_ptrptr) {
2    …
3    }
4    void main () {
5        int a = 1;
6        // 加入 a_ptr, a_ptrptr 變數的宣告
7        …
8        a_ptr = &a;
9        a_ptrptr = &a_ptr;
10       G (a_ptr, a_ptrptr);
11   }
```

(A) (a) *int, (b) *int

(B) (a) *int, (b) **int

(C) (a) int*, (b) int*

(D) (a) int*, (b) int**

解析： **D**

❶ 由第 8 行可以發現，a_ptr 是變數 a 的位址，因為 a 是 int，函數 G 的參數宣告成 int* a_ptr。

❷ 函數呼叫時，&a 會被指定給 *a_ptr，意義等同 int* a_ptr = &a，此運算式和指標宣告相同，表示 a_ptr 是指向整數 a 的指標，*ptr 是 a 的別名，所以 *ptr 和 n 會一起改變。

❸ 由第 9 行可以發現，a_ptrptr = &a_ptr，而 a_ptr 是一個指標，所以 a_ptrptr 是「指標的指標」，即所謂的雙重指標，因此函數 G 的參數也要宣告成雙重指標 int** a_ptrptr。

17. 下列程式片段中執行後若要印出下列圖案，(a) 的條件判斷式該如何設定？

```
******

****

**
```

```
1    for (int i=0; i<=3; i=i+1) {
2        for (int j=0; j<i; j=j+1)
3            printf(" ");
4        for (int k=6-2*i;    (a)    ; k=k-1)
5            printf("*");
6        printf("\n");
7    }
```

(A) k > 2   (B) k > 1   (C) k > 0   (D) k > -1

解析： C

❶ 第 2~3 行程式是印出圖案每列前面的空白，第 4~5 行程式是印出圖案每列的 *。

❷ 觀察 i, k 變化情形如下：

i = 0, k = 6~N，因為圖案第 1 列有 6 個 *，所以 N = 1

i = 1, k = 4~N，因為圖案第 2 列有 4 個 *，所以 N = 1

i = 2, k = 2~N，因為圖案第 3 列有 2 個 *，所以 N = 1

❸ 所以條件判斷式可設定 k > 0。

18. 給定下列 G() 函式，執行 G(1) 後所輸出的值為何？

```
1    void G (int a){
2        printf ("%d ", a);
3        if (a>=3)
4            return;
5        else
6            G(a+1);
7        printf ("%d ", a);
8    }
```

(A) 1 2 3   (C) 1 2 3 3 2 1
(B) 1 2 3 2 1   (D) 以上皆非

解析： B

❶ G(1)，輸出 1；1 >= 3 不成立，所以呼叫 G(2)。

　　G(2)，輸出 2；2 >= 3 不成立，所以呼叫 G(3)。

　　G(3)，輸出 3；3 >= 3 成立，所以執行第 4 行程式 return，跳離函數。

❷ 返回呼叫 G(2)，執行第 7 行程式，輸出 2。

❸ 返回呼叫 G(1)，執行第 7 行程式，輸出 1。

19. 下列程式碼是自動計算找零程式的一部分，程式碼中三個主要變數分別為 Total（購買總額），Paid（實際支付金額），Change（找零金額）。但是此程式片段有冗餘的程式碼，請找出冗餘程式碼的區塊。

```
1   int Total, Paid, Change;
2   ...
3   Change = Paid - Total;
4   printf ("500 : %d pieces\n", (Change-Change%500)/500);
5   Change = Change % 500;
6   printf ("100 : %d coins\n", (Change-Change%100)/100);
7   Change = Change % 100;
8   // A 區
9   printf ("50 : %d coins\n", (Change-Change%50)/50);
10  Change = Change % 50;
11  // B 區
12  printf ("10 : %d coins\n", (Change-Change%10)/10);
13  Change = Change % 10;
14  // C 區
15  printf ("5 : %d coins\n", (Change-Change%5)/5);
16  Change = Change % 5;
17  // D 區
18  printf ("1 : %d coins\n", (Change-Change%1)/1);
19  Change = Change % 1;
```

(A) 冗餘程式碼在 A 區　　　　　(B) 冗餘程式碼在 B 區

(C) 冗餘程式碼在 C 區　　　　　(D) 冗餘程式碼在 D 區

解析：D

❶ 第 18 行輸出 1 元硬幣的個數。

❷ 第 19 行中，Change % 1 = 0，所以 Change = Change % 1 會得到 0。不需要再計算 Change 的值為 0。因此冗餘的程式碼在 D 區。

20. 下列程式執行後輸出為何？

```
1   int G (int B) {
2       B = B * B;
3       return B;
4   }
5   int main () {
6       int A=0, m=5;
7       A = G(m);
8       if (m < 10)
9           A = G(m) + A;
10      else
11          A = G(m);
12      printf ("%d \n", A);
13      return 0;
14  }
```

(A) 0   (C) 25

(B) 10   (D) 50

解析：D

❶ 閱讀程式，可以發現函數 G 會傳回平方值。

❷ 由第 7 行程式可以發現，A = G(5) = 25。

❸ 第 8 行程式，m < 10 成立，A = G(5) + 25 = 50，執行第 12 行，輸出 50。

21. 下列 G() 應為一支遞迴函式，已知當 a 固定為 2，不同的變數 x 值會有不同的回傳值如下表所示。請找出 G() 函式中 (a) 處的計算式該為何？

a 值	x 值	G(a, x) 回傳值
2	0	1
2	1	6
2	2	36
2	3	216
2	4	1296
2	5	7776

```
1   int G (int a, int x) {
2       if (x == 0)
3           return 1;
4       else
5           return ____(a)____;
6   }
```

(A) ((2*a)+2) * G(a, x - 1)　　　　(C) ((3*a)-1) * G(a, x - 1)

(B) (a+5) * G(a-1, x - 1)　　　　　(D) (a+6) * G(a, x - 1)

解析： **A**

因為 G(2, 0) = 1，G(2, 1) = 6，所以驗證四個選項中，那一個 G(2, 1) 的值為 6。

(A) G(2, 1)

= ((2***2**)+2) * G(**2**, **1** - 1)

= 6 * G(2, 0) = 6

(B) (a+5) * G(a-1, x - 1)

= (**2**+5) * G(**2**-1, **1** - 1)

= 7 * G(2, 0) = 7

(C) ((3*a)-1) * G(a, x - 1)

= ((3***2**)-1) * G(**2**, **1** - 1)

= 5 * G(2, 0) = 5

(D) (a+6) * G(a, x - 1)

= (**2**+6) * G(**2**, **1** - 1)

= 8 * G(2, 0)

= 8

22. 如果 X_n 代表 X 這個數字是 n 進位,請問 $D02A_{16} + 5487_{10}$ 等於多少?

    (A) $1100\ 0101\ 1001\ 1001_2$ (C) 58787_{16}

    (B) 162631_8 (D) $F599_{16}$

解析: B

❶ 將所有數值轉成 16 進位計算。

❷ 使用長除法將 5487 轉成 16 進位

    (1) $5487 \div 16 = 342$ .... 15 (F)

    (2) $342 \div 16 = 21$ 6

    (3) $21 \div 16 = 1$ 5

    (4) 所以 $5487 = 156F_{16}$

❸ $D02A_{16} + 5487_{10}$

    $= D02A_{16} + 156F_{16}$

    (1) 第 1 位數相加

        $A_{16} + F_{16} = 10 + 15 = 25 = 19_{16}$,取 9 進 1。

    (2) 第 2 位數相加

        $2_{16} + 6_{16} + 1$(進位)$= 9_{16}$

    (3) 第 3 位數相加

        $0_{16} + 5_{16} = 5_{16}$。

    (4) 第 4 位數相加

        $D_{16} + 1_{16} = 13 + 1 = 14 = E_{16}$

    (5) 所以

        $D02A_{16} + 5487_{10}$

        $= D02A_{16} + 156F_{16}$

        $= E599_{16}$

❹ 將選項 (A) 轉換成 16 進位,每 4 bits 轉換成一個 16 進位數。

    $1100\ 0101\ 1001\ 1001_2$

    $= (8+4)\ (4+1)\ (8+1)\ (4+1)$

    $= C595_{16}$

❺ 將選項 (B) 轉換成 2 進位，再將 2 進位數轉成 16 進位數。

❻ 8 進位轉 2 進位是將每位數轉成 3 bits 的 2 進位數，所以

1　6　2　6　3　1 $_8$

= (001)(110)(010)(110)(011)(001)

= 001110010110011001 $_2$

= E599 $_{16}$

23. 請問下列程式，執行完後輸出為何？

```
1    int i=2, x=3;
2    int N=65536;
3    while (i <= N) {
4        i = i * i * i;
5        x = x + 1;
6    }
7    printf ("%d %d \n", i, x);
```

(A) 24178516392292583494412352 7

(B) 68921 43

(C) 65537 65539

(D) 134217728 6

解析： D

❶ 第 3 行 2 <= 65536 成立，所以執行 while 迴圈

i = 2 * 2 * 2 = 8，x = 3 + 1 = 4。

❷ 第 3 行 8 <= 65536 成立，所以執行 while 迴圈

i = 8 * 8 * 8 = 512，x = 4 + 1 = 5。

❸ 第 3 行 512 <= 65536 成立，所以執行 while 迴圈

i = 512 * 512 * 512，x = 5 + 1 = 6。

❹ 第 3 行 512 * 512 * 512 <= 65536 不成立，所以跳離迴圈。

❺ 執行第 7 行，輸出

i = 512 * 512 * 512，x = 6。

24. 下列 G() 為遞迴函式，G(3, 7) 執行後回傳值為何？

```
1    int G (int a, int x) {
2        if (x == 0)
3            return 1;
4        else
5            return (a * G(a, x - 1));
6    }
```

(A) 128

(B) 2187

(C) 6561

(D) 1024

解析： **B**

由第 5 行程式可以發現，

G(3, 7)

→3 * G(3, 6)

→3 * 3 * (G(3, 5))

→3 * 3 * 3 * (G(3, 4))

→3 * 3 * 3 * 3 * 3 * 3 * 3 * (G(3, 0))

→3^7

→2187

25. 下列函式若以 search (1, 10, 3) 呼叫時，search 函式總共會被執行幾次？

```
1    void search (float x, int y, int z) {
2        if (x < y) {
3            t = ceiling ((x + y)/2);
4            if (z >= t)
5                search(t, y, z);
6            else
7                search(x, t - 1, z);
8        }
9    }
     註：ceiling() 為無條件進位至整數位。例如 ceiling(3.1)=4, ceiling(3.9)=4。
```

(A) 2

(B) 3

(C) 4

(D) 5

解析： **C**

❶ 呼叫 search (1, 10, 3) 時，第 2 行判斷式 x (1) < y (3) 成立，所以執行第 3 行，

t = ceiling ((x + y)/2) = ceiling ((1.0 + 10) / 2) = ceiling (5.5) = 6

❷ 第 4 行判斷式 z (3) >= t (6) 不成立，所以執行第 7 行，呼叫 search (1, 5, 3)。

❸ 第 2 行判斷式 x (1) < y (5) 成立，所以執行第 3 行，

t = ceiling ((1.0 + 5)/2) = ceiling (6) = 3

❹ 第 4 行判斷式 z (3) >= t (3) 成立，所以執行第 5 行，呼叫 search (3, 5, 3)。

❺ 第 2 行判斷式 x (3) < y (5) 成立，所以執行第 3 行，

t = ceiling ((3 + 5)/2) =4

❻ 第 4 行判斷式 z (3) >= t (4) 不成立，所以執行第 7 行，呼叫 search (3, 3, 3)。

❼ 第 2 行判斷式 x (3) < y (3) 不成立，結束呼叫。

❽ 函數呼叫次序為

search (1, 10, 3) → search (1, 5, 3) → search (3, 5, 3) →
search (3, 3, 3)

1. 給定一個 1x8 的陣列 A，A = {0, 2, 4, 6, 8, 10, 12, 14}。下列函式 Search(x) 真正目的是找到 A 之中大於 x 的最小值。然而，這個函式有誤。請問下列哪個函式呼叫可測出函式有誤？

```
int A[8]={0, 2, 4, 6, 8, 10, 12, 14};
int Search(int x) {
    int high = 7;
    int low = 0;
    while (high > low) {
        int mid = (high + low)/2;
        if (A[mid] <= x) {
            low = mid + 1;
        }
        else {
            high = mid;
        }
    }
    return A[high];
}
```

(A) Search(-1)　　　　　　(C) Search(10)

(B) Search(0)　　　　　　 (D) Search(16)

解析： D

本題解題重點是陣列操作。

(A), (B), (C), (D) 四個選項中，(A) (D) 搜尋的值 -1 和 15 在陣列外，0 和 10 在陣列內，可先檢查陣列外的選項。

```
1    int A[8]={0, 2, 4, 6, 8, 10, 12, 14};
2    int Search(int x) {
3        int high = 7;
4        int low = 0;
5        while (high > low) {
6            int mid = (high + low)/2;
7            if (A[mid] <= x) {
```

```
8                low = mid + 1;
9            }
10        else {
11                high = mid;
12            }
13        }
14    return A[high];
15 }
```

low 和 high 分別是陣列左右兩個邊界的索引，因為第 14 行 return A[high] 會傳回右邊界，所以先檢查 x = 16。

(D) x = 16 時

第 6 行：mid = (high + low)/2 = (7+0)/2 = 3

第 7 行：A[3] = 6 <= x (16)，所以 if 的條件式成立，執行第 8 行

第 8 行：low = 3+1 = 4，再執行第 5 行 while 迴圈

第 6 行：mid = (high + low)/2 = (7+4)/2 = 5

第 7 行：A[5] = 10 <= x (16)，所以 if 的條件式成立，執行第 8 行

第 8 行：low = 5+1 = 6，再執行第 5 行 while 迴圈

第 6 行：mid = (high + low)/2 = (7+6)/2 = 6

第 7 行：A[6] = 12 <= x (16)，所以 if 的條件式成立，執行第 8 行

第 8 行：low = 6+1 = 7，再執行第 5 行 while 迴圈，因為 low == high，所以結束迴圈

第 14 行：return A[7]，所以傳回 16

Search(16) 是要找出 A 中大於 16 的最小值，正確答案是無此值，因為找到的值是 16，所以**錯誤**。

2. 給定函式 A1()、A2() 與 F() 如下，以下敘述何者有誤？

A1( )

```
void A1 (int n) {
    F(n/5);
    F(4*n/5);
}
```

A2( )

```
void A2 (int n) {
    F(2*n/5);
    F(3*n/5);
}
```

F( )

```
void F (int x) {
    int i;
    for (i=0; i<x; i=i+1)
        printf("*");
    if (x>1) {
        F(x/2);
        F(x/2);
    }
}
```

(A) A1(5) 印的 '*' 個數比 A2(5) 多
(B) A1(13) 印的 '*' 個數比 A2(13) 多
(C) A1(14) 印的 '*' 個數比 A2(14) 多
(D) A1(15) 印的 '*' 個數比 A2(15) 多

解析： **D**

本題解題重點是解遞迴式。

先觀察函式 F()，先推導出 F(1) ~ F(5) 的值，才比較容易找出 A1(), A2() 的值。

❶ F(1) 印出 1 個 *，F(1) = 1

❷ F(2) 先印出 **，呼叫兩次 F(1)，F(1) 印出 1 個 *，所以共印出 4 個 *，可推得

$$F(2) = 2 + 2F(1) = 4$$

❸ $F(3) = 3 + 2F(1) = 3+2*1= 5$

❹ $F(4) = 4 + 2F(2) = 4 + 2*4 = 12$

❺ $F(5) = 5 + 2F(2) = 5 + 2*4 = 13$

❻ $F(6) = 6 + 2F(3) = 6 + 10 = 16$

(A) $A1(5) = F(1)+F(4) = 1+12 =13$

$A2(5) = F(2)+F(3) = 4+5 = 9$

(B) $A1(13) = F(2)+F(10) = 4+10+2F(5) = 14+2*13 = 40$

$A2(13) = F(5)+F(7) = 5+2F(2)+7+2F(3) = 5+2*4+7+2*5 = 30$

(C) $A1(14) = F(2)+F(11) = 4+11+2F(5) = 41$

$A2(14) = F(5)+F(8) = 13+8+2F(4) = 45$

(D) $A1(15) = F(3)+F(12) = 17+2F(6) = 49$

$A2(15) = F(6)+F(9) = F(6)+9+2F(4) = 49$

3. 下列 F() 函式回傳運算式該如何寫，才會使得 F(14) 的回傳值為 40？

```
int F (int n) {
    if (n <= 3)
        return n;
    else
        return ____?____ ;
}
```

(A) n * F(n-1)   (C) n-F(n-2)

(B) n + F(n-3)   (D) F(n+1)

解析： B

本題解題重點是遞迴式。

(A) $F(14) = 14*F(13) = 14*13*F(12) = 14*13*12.........*3$

(B) $14+F(11) = 14+11+F(8) = 25+8+F(5) = 33+5+F(2) = 38+2 = 40$

(C) 14-F(12) = 14-(12-F(10)) = 2+10-F(8) = 12-(8-F(6)) = 4+F(6) = 4+6-F(4) = 10-F(4) = 10-4+F(2) = 8

(D) F(14) = F(15) = F(16) ...... n 值越來越大，沒有終止條件

4. 下列函式兩個回傳式分別該如何撰寫，才能正確計算並回傳兩參數 a, b 之最大公因數 (Greatest Common Divisor)？

```
int GCD (int x, int y) {
    int r;
    r = x % y;
    if (r == 0)
        return _____;
    return _____;
}
```

(A) x, GCD (y,r)

(B) y, GCD (y,r)

(C) x, GCD (x,r)

(D) y, GCD (x,r)

解析： B

本題解題重點是遞迴的應用。

❶ 先以實例 x = 58, y = 40，觀察輾轉相除法。

x		y		x % y
58	%	40	=	18
40	%	18	=	8
18	%	8	=	2
8	%	2	=	0
2	.....	最大公因數		

❷ 當 x % y == 0 時，最大公因數應該就是 y。例如 8 % 2 == 0，2 就是最大公因數。所以 return y;

❸ 當 x % y != 0 時，應該把 x 的值用 y 取代，y 的的值用 x % y 取代，所以呼叫

GCD(x, y) -> GCD(y, x % y) -> GCD(y, r)

5. 若 A 是一個可儲存 n 筆整數的陣列，且資料儲存於 A[0]~A[n-1]。經過下方程式碼運算後，以下何者敘述不一定正確？

```
int A[n]={ …… };
int p = q = A[0], i;
for (i=1; i<n; i=i+1) {
    if (A[i] > p)
        p = A[i];
    if (A[i] < q)
        q = A[i];
}
```

(A) p 是 A 陣列資料中的最大值
(B) q 是 A 陣列資料中的最小值
(C) q < p
(D) A[0] <= p

解析： **C**

本題解題重點是要注意邊界測試資料，也就是所有陣列資料都相同時。

```
1    int A[n]={ …… };
2    int p = q = A[0];
3    for (int i=1; i<n; i=i+1) {
4        if (A[i] > p)
5            p = A[i];
6        if (A[i] < q)
7            q = A[i];
8    }
```

❶ 從第 4-5 行可以發現，p 是陣列中最大數，因為陣列每個元素都和 p 比較，若陣列元素大於 p 值，則將陣列元素值指定給 p。

❷ 從第 6-7 行可以發現，q 是陣列中最大數，因為陣列每個元素都和 q 比較，若陣列元素小於 q 值，則將陣列元素值指定給 q。

❸ 若陣列每個元素的值相等，p 會等於 q。

6. 若 A[][] 是一個 MxN 的整數陣列，下列程式片段用來計算 A 陣列每一列的總和，以下敘述何者正確？

```
void main () {
    int rowsum = 0, i, j;
    for (i=0; i<M; i=i+1) {
        for (j=0; j<N; j=j+1) {
            rowsum = rowsum + A[i][j];
        }
        printf("The sum of row %d is %d", i, rowsum);
    }
}
```

(A) 輸出的第一列總和是正確，但其他列總和不一定正確

(B) 執行程式時，會出現錯誤 (run-time error)

(C) 程式語法有錯誤

(D) 程式片段會完成執行，並正確印出每一列的總和

解析： A

本題解題重點是要注意迴圈之初始值設定，避免前一迴圈的值繼續被用到下一迴圈。

❶ 雙重迴圈中，每次內層迴圈執行完後，列的總合 rsum 都要重新設為 0，避免前一列的和繼續加到下一列，否則輸出的第一列總和是正確的，但其他列總和不一定正確。

❷ 所以 printf 敘述後需加一行敘述 rowsum = 0

7. 若以 B(5,2) 呼叫下方 B() 函式，總共會印出幾次 "base case"？

```
int B (int n, int k) {
    if (k == 0 || k == n){
        printf ("base case\n");
        return 1;
    }
    return B(n-1, k-1) + B(n-1, k);
}
```

(A) 1   (B) 5   (C) 10   (D) 19

解析： C

本題解題重點是解遞迴式。

❶ B(n, k) 函式是一個遞迴函式，只有在第一個參數 n == 0 或第二個參數 k == n 時，才會終止。

❷ B(5, 2) = B(4, 1) + B(4, 2)

B(4, 1) = B(3, 0) + B(3, 1)

B(3, 0) = 1

B(3, 1) = B(2, 0) + B(2, 1)

B(2, 0) = 1

B(2, 1) = B(1, 0) + B(1, 1)=1+1=2

B(3, 1) = 1 + 2 = 3

B(4, 1) = 1 + 3 = 4

B(5, 2) = 4 + B(4, 2)

B(4, 2) = B(3, 1) + B(3, 2) = 3 + B(3, 2)

B(3, 2) = B(2, 1) + B(2, 2) = 2 + 1=3

B(4, 2) = 3 + 3 = 6

B(5, 2) = 4 + 6 = 10

8. 給定下列程式，其中 s 有被宣告為全域變數，請問程式執行後輸出為何？

```c
int s = 1;                      // 全域變數
void incr (int a) {
    int s = 6;
    for( ; a>=0; a=a-1) {
        printf("%d,", s);
        s++;
        printf("%d,", s);
    }
}
int main () {
    printf("%d,", s);
    incr(s);
    printf("%d,", s);
    s = 9;
    printf("%d", s);
    return 0;
}
```

(A) 1,6,7,7,8,8,9　　　　　　(C) 1,6,7,8,9,9,9

(B) 1,6,7,7,8,1,9　　　　　　(D) 1,6,7,7,8,9,9

解析： **B**

本題解題重點是全域變數與區域變數的使用，如果在函式內宣告和全域變數名稱相同的區域變數，在此函式內，此全域變數的值會被區域變數覆蓋。

```
1    int s = 1;                    // 全域變數
2    void add (int a) {
3        int s = 6;
4        for( ; a>=0; a=a-1) {
5            printf("%d,", s);
6            s++;
7            printf("%d,", s);
8        }
9    }
10   int main () {
11       printf("%d,", s);
12       add(s);
13       printf("%d,", s);
14       s = 9;
15       printf("%d", s);
16       return 0;
17   }
```

❶ 第 1 行：s=1

❷ 第 11 行：印出 1

❸ 第 2 行：incr(1)，a=1

❹ 第 3 行：int s = 6，s 和全域變數名稱相同，所以在此函式內，此全域變數的值會被區域變數覆蓋，所以 s = 6。

❺ 第 4 行：因為 a = 1，所以 for(; a>=0; a=a-1) 迴圈會執行 2 次。

❻ 第 5 行：印出 6。

❼ 第 6 行：s++，所以 s = 7

❽ 第 7 行：印出 7，在回到第 4 行的迴圈。

❾ 第 5 行：印出 7。

❿ 第 6 行：s++，所以 s = 8

⓫ 第 7 行：印出 8。結束迴圈。

⓬ 第 13 行：離開 incr() 函式，s 變回廣域變數，印出 1。

⓭ 第 14 行：s=9

⓮ 第 15 行：印出 9。

9. 下列 F() 函式執行時，若輸入依序為整數 0, 1, 2, 3, 4, 5, 6, 7, 8, 9，請問 X[] 陣列的元素值依順序為何？

```c
void F () {
    int X[10] = {0};
    for (int i=0; i<10; i=i+1) {
        scanf("%d", &X[(i+2)%10]);
    }
}
```

(A) 0, 1, 2, 3, 4, 5, 6, 7, 8, 9   (C) 9, 0, 1, 2, 3, 4, 5, 6, 7, 8

(B) 2, 0, 2, 0, 2, 0, 2, 0, 2, 0   (D) 8, 9, 0, 1, 2, 3, 4, 5, 6, 7

解析：**D**

本題解題的重點在 % 運算子（求餘數）。

i	0	1	2	3	4	5	6	7	8	9
	0	1	2	3	4	5	6	7	8	9
(i+2)%10	2	3	4	5	6	7	8	9	0	1

因為輸入依序為整數 0, 1, 2, 3, 4, 5, 6, 7, 8, 9，所以陣列的元素值

x[2] =0, x[3] = 1, x[4] = 2, x[5] = 3, x[6] = 4, x[7] = 5, x[8] = 6, x[9] = 7, x[0] = 8, x[1] = 9。

10. 若以 G(100) 呼叫下列函式後，n 的值為何？

```c
int n = 0;
void K (int b) {
    n = n + 1;
    if (b % 4)
        K (b+1);
}
void G (int m) {
    for (int i=0; i<m; i=i+1) {
        K (i);
```

```
    }
}
```

(A) 25   (C) 150

(B) 75   (D) 250

解析： **D**

本題解題重點是迴圈和解遞迴式。

❶ 呼叫 G(100)，從 G 函式可知，i = 0, 1, ………… 99，所以會呼叫 K(0), K(1), K(2) ………… K(99)

❷ 呼叫 K(0) 時，n 會加 1。因為變數 n 在函式外，所以 n 值會被保留。

❸ 呼叫 K(4) 時，n 會加 1。

同理 K(8), K(12), K(16) ……，n 會加 1。

❹ 呼叫 K(3) 時，n 會加 1，再呼叫 K(4)，所以 n 會加 2。

同理 K(7), K(11), K(15) ……，n 會加 2。

❺ 呼叫 K(2) 時，n 會加 1，再呼叫 K(3)，所以 n 會加 3。

同理 K(6), K(10), K(14) ……，n 會加 3。

❻ 呼叫 K(1) 時，n 會加 1，再呼叫 K(2)，所以 n 會加 4。

同理 K(5), K(9), K(13) ……，n 會加 4。

❼ 所以每 4 個一循環，若以函數 k 表示 n 的值，則

K(0) + K(1) + K(2) + K(3) + … +K(99)

= 1+(4+3+2+1)*24+(4+3+2)

= 250

11. 若 A[1]、A[2]，和 A[3] 分別為陣列 A[] 的三個元素 (element)，下列那個程式片段可以將 A[1] 和 A[2] 的內容交換？

(A) A[1] = A[2]; A[2] = A[1];

(B) A[0] = A[1]; A[1] = A[2]; A[2] = A[0];

(C) A[2] = A[1]; A[3] = A[2]; A[1] = A[3];

(D) 以上皆可

解析： **B**

本題解題重點是兩數交換。

要將 A[1], A[2] 兩數交換，可以想像成有 A[1], A[2] 二杯水，要將這兩個杯子的水互相交換。步驟如下：

❶ 將 A[1] 杯的水，倒入空杯 A[0]。A[0] = A[1]

❷ 將 A[2] 杯的水，倒入空杯 A[1]。A[1] = A[2]

❸ 將 A[0] 杯的水，倒入空杯 A[2]。A[2] = A[0]

12. 若函式 rand() 的回傳值為一介於 0 和 10000 之間的亂數，下列那個運算式可產生介於 100 和 1000 之間的任意數 (包含 100 和 1000)？

(A) rand() % 900 + 100

(B) rand() % 1000 + 1

(C) rand() % 899 + 101

(D) rand() % 901 + 100

解析： D

本題解題重點是某一範圍內亂數的產生。

若亂數範圍的起始值不是 0 時，可同時移動起始值與終止值，使起始值變為 0 後，再加上移動量即可。產生 m ~ n 之亂數的步驟如下：

❶ 將 m ~ n 同時減 m，得到 0 ~ n - m。

❷ 產生 0 ~ n - m 之亂數的運算式為 rand() % (n - m + 1)。

❸ 所以產生 m ~ n 之亂數的運算式為 m + rand() % (n - m + 1)。

根據上述法則，產生介於 100 和 1000 之間的亂數，步驟如下：

    100 ~ 1000
    (0 ~ 900) + 100
    rand() % 901 + 100

13. 下列程式片段無法正確列印 20 次的 "Hi!"，請問下列哪一個修正方式仍無法正確列印 20 次的 "Hi!"？

```
for (int i=0; i<=100; i=i+5) {
    printf ("%s\n", " Hi ");
}
```

(A) 需要將 i<=100 和 i=i+5 分別修正為 i<20 和 i=i+1

(B) 需要將 i=0 修正為 i=5

(C) 需要將 i<=100 修正為 i<100;

(D) 需要將 i=0 和 i<=100 分別修正為 i=5 和 i<100

解析：D

本題解題重點是迴圈的使用。

(A) for (i=0; i<20; i=i+1)

所以 i 的值為 0, 1, 2, 3 .... 19。共 20 次。

(B) for (i=5; i<=100; i=i+5)

所以 i 的值為 5, 10, 15, 20 .... 100。共 20 次。

(C) for (i=0; i<100; i=i+5)

所以 i 的值為 0, 5, 10, 15, 20 .... 95。共 20 次。

(D) for (i=5; i<100; i=i+5)

所以 i 的值為 5, 10, 15, 20 .... 95。共 19 次。

14. 若以 F(15) 呼叫下列 F() 函式，總共會印出幾行數字？

```c
void F (int n) {
    printf ("%d\n" , n);
    if ((n%2) && (n > 1)){
        return F(5*n+1);
    }
    else {
        if (n%2 == 0)
            return F(n/2);
    }
}
```

(A) 16 行   (C) 11 行

(B) 22 行   (D) 15 行

解析：D

本題解題重點是解遞迴式。

❶ n % 2 成立時，表示 n 是奇數。(n%2) && (n > 1) 表示 n 是大於 1 的奇數，所以 n = 3, 5, 7, 9 ......。

❷ n = 3, 5, 7, 9 ...... 時，呼叫 F(5*n+1)，

n = 2, 4, 6, 8 ...... 時，呼叫 F(n/2)。

❸ 根據步驟 2 的規則，F(15) 的呼叫如下：

F(15) -> F(76) -> F(38) -> F(19) -> F(96)

-> F(48) -> F(24) -> F(12) -> F(6) -> F(3)

-> F(16) -> F(8) -> F(4) -> F(2) -> F(1)

❹ 因為每呼叫 1 次，就會印出 1 行數字，呼叫 15 次，所以共印出 15 行。

15. 給定下列函式 F()，執行 F() 時哪一行程式碼可能永遠不會被執行到？

```
void F (int a) {
    while (a < 10)
        a = a + 5;
    if (a < 12)
        a = a + 2;
    if (a <= 11)
        a = 5;
    a = 0;
}
```

(A) a = a + 5;　　　　　　　　(C) a = 5;

(B) a = a + 2;　　　　　　　　(D) 每一行都執行得到

解析： C

本題解題重點是 while 迴圈和 if 判斷式的使用。

❶ a < 10 時，a 的值會反覆 +5，直到 a >=10。

所以 a 值可能是 10, 11, 12 ......

❷ 若 a 值是 10，(10 < 12) 成立，a 會 +2，所以 a 為 12。

若 a 值是 11，(11 < 12) 成立，a 會 +2，所以 a 為 13。

❸ (12 <= 11) 和 (13 <= 11) 不成立，所以 a = 5 永遠不會被執行到。

❹ 實際上，(a < 12) 和 (a <= 11) 是兩個相同的條件式，所以執行了前者 (a < 12) 的敘述 a = a + 2 後，便永遠不會執行後者 (a <= 11) 的敘述。

16. 給定下列函式 F()，已知 F(7) 回傳值為 17，且 F(8) 回傳值為 25，請問 if 的條件判斷式應為何？

```
int F (int a) {
    if (_____?_____)
        return a * 2 + 3;
    else
        return a * 3 + 1;
}
```

(A) a % 2 != 1

(B) a * 2 > 16

(C) a + 3 < 12

(D) a * a < 50

解析： D

本題解題重點是 if 判斷式的使用。

因為 a = 7 時，a * 2 + 3 = 7 * 2 + 3 = 17，所以 F(7) 會執行 if 敘述。

a = 8 時，a * 3 + 1 = 8 * 3 + 1 = 25，所以 F(12) 會執行 else 敘述。

(A) a = 7 時，a % 2 != 1 → 7 % 2 != 1 不成立，執行 else 敘述，錯誤。因為 F(7) 會執行 if 敘述。

(B) a = 7 時，a * 2 > 16 → 7 * 2 > 22 不成立，所以執行 else 敘述，錯誤。因為 F(7) 會執行 if 敘述。

(C) a = 7 時，a + 3 < 12 → 7 + 3 < 12 成立，所以執行 if 敘述，正確。

a = 8 時，a + 3 < 12 → 8 + 3 < 12 成立，所以執行 if 敘述，錯誤。因為 F(12) 會執行 else 敘述。

(D) a = 7 時，a * a < 50 → 7 * 7 < 50 成立，所以執行 if 敘述。

a = 8 時，a * a < 50 → 8 * 8 < 50 不成立，執行 else 敘述。

17. 給定下列函式 F()，F() 執行完所回傳的 x 值為何？

```
int F (int n) {
    int x = 0, i, j, k;
    for (i=1; i<=n; i=i+1)
        for (j=i; j<=n; j=j+1)
            for (k=1; k<=n; k=k*2)
                x = x + 1;
    return x;
}
```

(A) $n(n+1)\lfloor \log_2 n \rfloor$

(B) $n^2(n+1)/2$

(C) $n(n+1)\lfloor \log_2 n + 1 \rfloor /2$

(D) $n(n+1)/2$

解析： **C**

本題解題重點是 for 迴圈執行次數的計算。$\lfloor \ \rfloor$ 是向下取整數，也就是無條件捨棄小數位。例如 $\lfloor 2.8 \rfloor = 2$，$\lfloor 2 \rfloor = 2$。

❶ 此程式碼共 3 層迴圈，分別是 $(1\sim n)$, $(i\sim n)$, $(1, 2, 4, 8, 16 \dots)$

❷ 外面 2 層迴圈 $(1\dots n)$, $(i\dots n)$ 的執行次數接近 $n(n+1)/2$

❸ 第 3 層迴圈的執行次數為 $\log_2 n + 1$，+1 是因為 k = 1，並不包含在 log 內。

❹ 如果對 log 計算有困難，可用 n = 16 測試。

　　3 層迴圈，分別是 $(1\sim 16)$, $(i\sim 16)$, $(1, 2, 4, 8, 16)$

　　$(1, 2, 4, 8, 16)$ 共 5 次，$(i\sim 16)$ 平均執行

　　$(16 + 15 + \dots + 1) / 16 = 17 / 2$

　　所以 3 層迴圈，共執行 $16 * 17 / 2 * 5 = 16 * 17 * 5 / 2$

　(A) $16 * 17 * 4$

　(B) $16 * 16 * 17 / 2$

　(C) $16 * 17 * (4+1) / 2$

　(D) $16 * 17 / 2$

18. 執行完下列程式碼後，輸出值為何？

```
int main() {
    int x = 0, n = 5, i, j;
    for (i=1; i<=n; i=i+1)
        for (j=1; j<=n; j=j+1) {
            if ((i+j)==2)
                x = x + 2;
            if ((i+j)==3)
                x = x + 3;
            if ((i+j)==4)
                x = x + 4;
        }
    printf ("%d\n", x);
    return 0;
}
```

(A) 12

(B) 24

(C) 16

(D) 20

解析： D

本題解題重點是 for 迴圈。

❶ i=1, j=1 時，(i+j)==2，所以 x = 0+2 = 2

❷ i=1, j=2 時，(i+j)==3，所以 x = 2+3 = 5

❸ i=1, j=3 時，(i+j)==4，所以 x = 5+4 = 9

❹ i=1, j=4 或 i=1, j=5 時，if 條件式都不成立，所以 x 的值不變

❺ i=2, j=1 時，(i+j)==3，所以 x = 9+3 =12

❻ i=2, j=2 時，(i+j)==4，所以 x = 12+4 =16

❼ i=2, j=3 或 i=2, j=4 或 i=2, j= 5 時，if 條件式都不成立，所以 x 的值不變

❽ i=3, j=1 時，(i+j)==4，所以 x = 16+4 =20

19. 下列程式擬找出陣列 A[] 中的最大值和最小值。不過，這段程式碼有誤，請問 A[] 初始值如何設定就可以測出程式有誤？

```
int main () {
    int M = -1, N = 101, s = 3;
    int A[] = _____?_____;

    for (int i=0; i<s; i=i+1) {
        if (A[i]>M) {
            M = A[i];
        }
        else if (A[i]<N) {
            N = A[i];
        }
    }
    printf("M = %d, N = %d\n", M, N);
    return 0;
}
```

(A) {90, 80, 100}　　　　　　　　(C) {100, 90, 80}

(B) {80, 90, 100}　　　　　　　　(D) {90, 100, 80}

解析： B

本題解題重點是要注意邊界測試資料，可能是所有陣列資料都相同時，或陣列資料已排序好。

將 M, N 之值帶入迴圈中

```
for (int i=0; i<s; i=i+1) {
    if (A[i]>-1) {
    M = A[i];
}
else if (A[i]<101) {
    N = A[i];
}
```

選項 (B) A[0]=80>-1，所以 M=80

　　　　A[1]=90>80，所以 M=90

　　　　A[2]=100>90，所以 M=100

選項 (B) 永遠不會執行到 else 敘述,所以最小值 N 為 101,錯誤。

正確的程式應將 else if (A[i]<N) 改寫成 if (A[i]<N)

20. 小藍寫了一段複雜的程式碼想考考你是否了解函式的執行流程。請回答程式最後輸出的數值為何?

```
int g1 = 30, g2 = 20;
int f1(int v) {
    int g1 = 10;
    int c = 20;
    return g1+v;
}
int f2(int v) {
    int c = g2;
    v = v+c+g1;
    g1 = 10;
    c = 0;
    return v;
}
int main() {
    g2 = 0;
    g2 = f1(g2);
    printf("%d", f2(f2(g2)));
    return 0;
}
```

(A) 70   (C) 100

(B) 80   (D) 190

解析: A

本題解題重點是全域變數與區域變數的使用,另一個重點是函式的呼叫。如果在函式內宣告和全域變數名稱相同的區域變數,此函式內,此全域變數的值會被區域變數覆蓋。

```
1    int g1 = 30, g2 = 20;
2    int f1(int v) {
3        int g1 = 10;
4        int c = 20;
5        return g1+v;
6    }
```

```
7    int f2(int v) {
8        int c = g2;
9        v = v+c+g1;
10       g1 = 10;
11       c = 0;
12       return v;
13   }
14   int main() {
15       g2 = 0;
16       g2 = f1(g2);
17       printf("%d", f2(f2(g2)));
18       return 0;
     }
```

❶ 第 14-15 行：廣域變數 g2 = 0, g2 = f1(g2) = f1(0)

❷ 第 2-4 行：區域變數 v=0，區域變數 int g1=10，return 10

❸ 第 15 行：廣域變數 g2 = 10

❹ 第 16 行：呼叫 f2(f2(g2)))=f2(f2(10))

❺ 第 6 行：呼叫 f2(10)，區域變數 v=10

❻ 第 7 行：廣域變數 g2 = 10，所以 c = 10

❼ 第 8 行：廣域變數 g1 = 30，區域變數 v = v+c+g1 = 10+10+30 = 50

❽ 第 9 行：廣域變數 g1 = 10

❾ 第 11 行：return 50

❿ 第 6 行：呼叫 f2(50)，區域變數 v=50

⓫ 第 7 行：廣域變數 g2 = 10，所以 c = 10

⓬ 第 8 行：廣域變數 g1 = 10，區域變數 v = v+c+g1 = 50+10+10 = 70

⓭ 第 11 行：return 70

21. 若以 F(5, 2) 呼叫下列 F() 函式，執行完後，程式的回傳值為何？

```
int F (int x, int y) {
    if (x>0)
        return F(x-y, y)+F(x-2*y, y);
    else
        return 1;
}
```

(A) 1

(B) 3

(C) 5

(D) 8

解析： **C**

本題解題重點是解遞迴式。

F(5, 2) = F(3, 2)+F(1,2)

F(3, 2) = F(1, 2)+F(-1, 2)

F(1, 2) = F(-1, 2)+F(-3, 2) = 1+1 = 2

F(3, 2) = 2+1=3

F(5, 2) = 3+2 =5

22. 若要邏輯判斷式 !(X1 || X2) 計算結果為真 (True)，則 X1 與 X2 的值分別應為何？

(A) X1 為 False，X2 為 False

(B) X1 為 True，X2 為 True

(C) X1 為 True，X2 為 False

(D) X1 為 False，X2 為 True

解析： **A**

本題解題重點是邏輯運算子的運算。

(A) !(X1 || X2) → !(0 || 0) → !0 → 1

(B) !(X1 || X2) → !(1 || 1) → !1 → 0

(C) !(X1 || X2) → !(1 || 0) → !1 → 0

(D) !(X1 || X2) → !(0 || 1) → !1 → 0

23. 程式執行時，程式中的變數值是存放在

(A) 記憶體　　　　　　　　　　(C) 輸入輸出裝置

(B) 硬碟　　　　　　　　　　　(D) 匯流排

解析： A

程式執行時，程式中的變數值會被載入記憶體內，進行運算。

24. 程式執行過程中，若變數發生溢位情形，其主要原因為何？

(A) 以不足數目的位元儲存變數值

(B) 變數的數量不足

(C) 變數名稱宣告不正確

(D) 變數過多導致編譯器無法完全處理

解析： A

溢位 overflow 通常發生在以不足數目的位元儲存變數值，例如一個整數使用 4 bytes (32bits) 儲存，其中 1 bit 儲存正負號，能儲存的最大值為 2^{31}，如果變數值超過個個數字，就會造成溢位。

25. 若 a, b, c, d, e 為整數變數，下列那個算式計算結果與 a-b*c+e 相同？

(A) (((a-b)*c)+e)　　　　　　(C) ((a-(b*c))+e)

(B) ((a-b*(c+e))　　　　　　 (D) (a-((b*c)+e))

解析： C

本題解題重點是運算子的運算優先順序，先乘除後加減。

a+b*c-e 中，b*c 要先算，所以 a+(b*c)-e，+ 與 – 運算優先順序相同，所以由左先算，(a+(b*c))-e，再算 ((a+(b*c))-e)。

APCS 大學程式設計先修檢測觀念題試題解析

作　　者：蔡志敏
企劃編輯：郭季柔
文字編輯：江雅鈴
設計裝幀：張寶莉
發 行 人：廖文良

發 行 所：碁峰資訊股份有限公司
地　　址：台北市南港區三重路 66 號 7 樓之 6
電　　話：(02)2788-2408
傳　　真：(02)8192-4433
網　　站：www.gotop.com.tw
書　　號：AEL027100
版　　次：2022 年 08 月初版
　　　　　2023 年 07 月初版二刷
建議售價：NT$150

國家圖書館出版品預行編目資料

APCS 大學程式設計先修檢測觀念題試題解析 / 蔡志敏著. -- 初版. -- 臺北市：碁峰資訊, 2022.08
　　面； 公分
　　ISBN 978-626-324-256-2(平裝)
　　1.CST：C++(電腦程式語言)

312.32C　　　　　　　　　　　　　　　　　　　　111011329

讀者服務

● 感謝您購買碁峰圖書，如果您對本書的內容或表達上有不清楚的地方或其他建議，請至碁峰網站：「聯絡我們」\「圖書問題」留下您所購買之書籍及問題。(請註明購買書籍之書號及書名，以及問題頁數，以便能儘快為您處理)

http://www.gotop.com.tw

● 售後服務僅限書籍本身內容，若是軟、硬體問題，請您直接與軟、硬體廠商聯絡。

● 若於購買書籍後發現有破損、缺頁、裝訂錯誤之問題，請直接將書寄回更換，並註明您的姓名、連絡電話及地址，將有專人與您連絡補寄商品。

APCS

大學程式設計先修檢測觀念題試題解析

大學程式設計先修檢測(APCS)，對於學生的資訊能力具有客觀的評量依據，能提供大學入學申請資訊相關科系學生明確的參考方向。

本書針對APCS大學程式設計先修檢測歷次「程式設計觀念題」試題提供試題解析，說明解題重點及過程，適合高中職生閱讀。

ISBN 978-626-324-256-2

9 786263 242562

碁峰資訊股份有限公司
GOTOP INFORMATION INC.
http://www.gotop.com.tw

AEL027100　NT$150

輕鬆搞定
商業簡報製作
PowerPoint
（適用2016 & 2019版）

林文恭
範例設計：葉冠君